# 人類未解之謎

植物大戰殭屍2
未解之謎漫畫

笑江南 編繪

中華教育

向日葵

紅針花

菜 問

強酸檸檬

火炬樹樁

變身茄子

豌豆射手

高堅果

倭瓜

堅果

殭屍博士

海盜船長殭屍

海盜殭屍

騎牛小鬼殭屍

海鷗殭屍

海盜小鬼殭屍

武僧小鬼殭屍

淘金殭屍

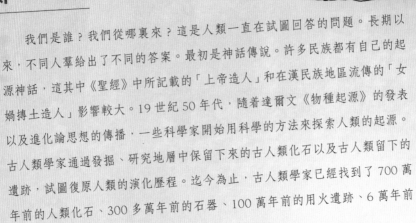

# 導　讀

　　我們是誰？我們從哪裏來？這是人類一直在試圖回答的問題。長期以來，不同人羣給出了不同的答案。最初是神話傳說。許多民族都有自己的起源神話，這其中《聖經》中所記載的「上帝造人」和在漢民族地區流傳的「女媧摶土造人」影響較大。19 世紀 50 年代，隨着達爾文《物種起源》的發表以及進化論思想的傳播，一些科學家開始用科學的方法來探索人類的起源。古人類學家通過發掘、研究地層中保留下來的古人類化石以及古人類留下的遺跡，試圖復原人類的演化歷程。迄今為止，古人類學家已經找到了 700 萬年前的人類化石、300 多萬年前的石器、100 萬年前的用火遺跡、6 萬年前的洞穴壁畫……

　　通過古人類學家的發掘和研究，我們對於人類的起源有了更多的了解，比如黑猩猩是現代人類最近的親屬；最早的人類起源於非洲；大約 200 萬年前，人類直立行走的姿態趨向完善，並走出非洲擴散到歐亞大陸；地質歷史中曾經有多個人羣存在，他們之間存在一定的演化關係……但還有許多謎團尚未解開，譬如最早的人類是由誰演化而來的？在甚麼時間演化成功？現代人是單一地區起源還是多地區起源？現代人是如何擴散到美洲和大洋洲的？人類為甚麼會直立行走？人類為甚麼不像黑猩猩那樣身上有濃密的毛髮？

　　希望此書能成為一把鑰匙，幫助小讀者打開智慧之門，引領他們走上一條願意思考、願意探索的道路，從而進入更廣闊的天地。

北京自然博物館副研究員　高立紅

# 目 錄

古猿為甚麼會進化成人類？⋯⋯⋯⋯⋯⋯ 4

南方古猿是猿還是人？⋯⋯⋯⋯⋯⋯⋯⋯ 8

人類的祖先為何選擇直立行走？⋯⋯⋯⋯ 14

坦桑尼亞萊托利爾地層中的腳印

是誰留下的？⋯⋯⋯⋯⋯⋯⋯⋯⋯⋯⋯ 20

「人類祖母」露西是怎麼死的？ ⋯⋯⋯⋯ 26

直立人是由能人進化而來的嗎？⋯⋯⋯⋯ 30

人類進化的「缺環」找到了嗎？⋯⋯⋯⋯ 34

誰製造了最早的石器？⋯⋯⋯⋯⋯⋯⋯⋯ 40

# CONTENTS

## 目　錄

人類的祖先從甚麼時候開始狩獵的？ ………… 46

人類的腦容量為甚麼會增加？ ………………… 50

人類為甚麼大多數是「右撇子」？ …………… 56

人類的語言是怎麼產生的？ …………………… 60

人類是甚麼時候學會用火的？ ………………… 66

人類的祖先為何褪掉了身上的體毛？ ………… 72

人類是從甚麼時候開始穿衣服的？ …………… 76

人類是從甚麼時候開始發展農業的？ ………… 82

元謀人是中國最早的直立人嗎？ ……………… 86

CONTENTS

目　錄

尼安德特人是現代人的祖先嗎？…………………… 92

尼安德特人為何消失？……………………… 98

丹尼索瓦人長甚麼樣？……………………… 104

現代人的起源地究竟在哪裏？……………… 108

為甚麼智人成了最後的倖存者？…………… 114

人類研究中的謎團………………………… 118

古猿為甚麼會
進化成人類？

呼 呼 呼

山上好
冷啊！

豌……豌豆射手，
你為甚麼要帶我們
來這兒呀？

帶你們來雪山上
泡溫泉哪！

就是，在家還能洗泡泡浴、敷面膜。

泡澡在家不就行了嗎？家裏還有暖氣和熱騰騰的布丁奶茶。

美好的日子全被你毀了！

好不容易才等來寒假，怎麼能整天宅在家裏呢？

我們應該擁抱自然，呼吸山上清新的空氣！

呸呸呸！臭死了！

哪兒來的臭猴子！

吱吱！

牠如果聰明，早就進化成人類了！

人類真的很聰明嗎？

人類是從甚麼進化而來的？

是日本獼猴，牠好聰明啊！

人類是從古猿進化而來的，不過古猿最早演變成人類的時間和地點都是未解之謎。

古人類學家推測，大約在1200萬年前，地殼運動使東非大陸上出現了一條大裂谷，將非洲分成東、西兩個不同的生態系統，原本生活在一起的古猿由此走向不同的進化道路。

大裂谷以西環境舒適，生活在這裏的古猿幾乎沒有進化；

大裂谷以東降雨稀少，森林逐漸退化為草原，很多古猿因此滅絕，只有一小部分古猿從樹上轉到了地上生活，生存了下來。

後來大裂谷以東存活下來的古猿就進化成了人類？

是的。這個故事告訴我們，安逸的生活使古猿停滯不前，艱難的環境使牠們大步向前。

那不一定，我在任何環境下都不會進化了。

為甚麼？

因為我已經是進化得最完美的堅果了！

噗 噗

啊！日本獼猴放屁了！

好臭！泡溫泉都不得安寧！

一般認為，人類與現代猿類的共同祖先為某種古猿。目前人類熟知的古猿主要有埃及猿、原康修爾猿、肯雅古猿和巨猿等。埃及猿曾被認為是人類的祖先，但是後來發現牠長有尾骨，可能是長着長尾巴的猴類，不屬於猿類。到底哪種古猿是人類最近的祖先，牠們是如何進化成人類的，這些謎團還需要更多的化石發現才能解開。

# 南方古猿是猿還是人？

淘金殭屍，快看那裏！

幹嗎大驚小怪的，沒見過黑猩猩嗎？

當然見過……

見過還激動成這樣？

但沒見過長得這麼像你的。

噗！

聽說人類是從黑猩猩進化而來的，對嗎？

不是黑猩猩，是古猿啦……

古猿應該和黑猩猩長得差不多吧？

差遠了！而且黑猩猩是現生的猿類，算是人類的表兄弟，而古猿是已經滅絕的猿類。

對對對，我想起來了，有一本書上說人類可能是由南方古猿進化而來的。

不過南方古猿到底屬於人類還是猿類呢？

這個問題可有點兒複雜……

古人類學家最初發現南方古猿化石時，沒有在化石附近發現工具，因此認為南方古猿可能還不會製造和使用工具，應屬於猿類。

這麼說來，黑猩猩比南方古猿要聰明多了，牠剛才還用石頭砸你呢！

正是因為黑猩猩也會製造和使用工具，所以有人提出不能將這一點作為區分人類和猿類的標準。

甚麼？

後來，古人類學家改用能否習慣性地直立行走作為區分人類和猿類的標準，這樣南方古猿又被劃分到古人類的大家族中了。

原來是這樣啊！

不過，南方古猿屬下有很多種，每個種情況不同。到底哪一種是後來人類的祖先，還有待研究。

你能不能把話一次說完啊！

黑猩猩和人類長得真像……

黑猩猩與人類的DNA相似度高達99%，的確很接近人類。

不過，我覺得黑猩猩和淘金殭屍你的相似度更高！

閉嘴！別總拿我和黑猩猩做比較！

對了，我帶了香蕉！

給你一根。

淘金殭屍，你也來一根。

謝謝，我也喜歡吃香蕉。

不對，你當我是黑猩猩啊，我才不吃呢！

騎牛小鬼殭屍,我已經忍無可忍了!

先生!

甚麼事?

動物園裏禁止餵食,罰款 200 元。

……

禁止餵食
違者
罰款200元

香蕉不是我餵的,憑甚麼讓我交罰款!

別以為你長得像猩猩就能逃避罰款!

南方古猿生存於距今 450 萬至 100 萬年,化石均發現於非洲,大多分佈在非洲東部和南部。南方古猿屬下又分為許多種,比如非洲種、粗壯種、阿法種、鮑氏種、埃塞俄比亞種、湖畔種、源泉種,等等。他們都會直立行走,但是又有許多不同。通常認為,大部分南方古猿滅絕了,只有阿法種的一支朝着人類的方向進化,但也有科學家持不同的意見。

13

人類的祖先為何選擇直立行走？

堅果，都甚麼時候了，還不起牀！

今天是星期天，讓我睡會兒懶覺吧……

堅果，你忘了我們今天約好去徒步登山了嗎？

登甚麼山哪，我連路都不想走，只想睡覺！

15

用雙腿走路的感覺真好，難怪人類不願意像其他動物那樣四肢着地行走呢。

人類祖先之所以選擇直立行走，是為生活所迫，為的是站得高望得遠……

哦？

人類的祖先離開森林來到草原生活後，發現如果直立起來，能看到更遠的地方，更有利於避開肉食動物的威脅。

據我所知，人類的祖先選擇直立姿勢是為了方便採摘樹上的果實。

還有人認為直立行走是為了解放出人類祖先的雙手，方便他們搬運食物。

喂！大家快上來呀，我在山頂為你們準備了好吃的！

依我看，直立行走最大的好處是跑得快！誰跑得慢就吃不上好吃的嘍！

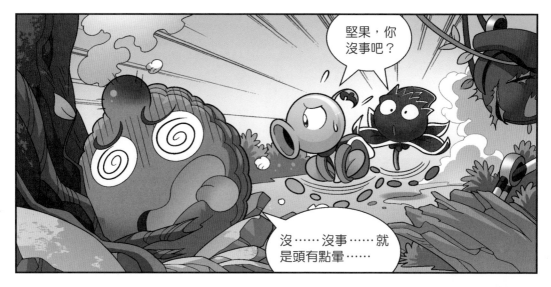

堅果，你
沒事吧？

沒⋯⋯沒事⋯⋯就
是頭有點暈⋯⋯

堅果剛才滾
下山的速度
好快呀！

是呀，他下山的
本領，可比人類
的雙腿強多了。

我的代步機！

火炬樹樁老師，
我做了個新的還
您⋯⋯

關於人類為甚麼直立行走，古
人類學家提出過很多假説。「攝食説」
認為早期人科動物以植物的種子和果
實為食，蹲坐或者雙腳直立方便他們
騰出雙手去取食；「散熱説」認為直
立行走能增加身體的表面積，有助於
散熱，使生活在炎熱草原上的人類祖
先感覺更加舒服。除此之外還有許多
假説，但真相如何需要等待更多的考
古發現。

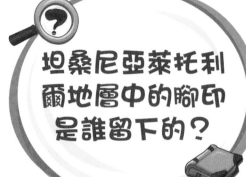

坦桑尼亞萊托利爾地層中的腳印是誰留下的？

哈哈，終於把甲板用油漆重新刷了一遍，海盜船長殭屍一定會獎賞我的！

噗！噗！噗！

居然在我新漆的甲板上拉屎，有沒有搞錯！

我跳！我跳！

不好了，海盜船長殭屍！

甚麼事？大晚上吵吵嚷嚷的。

是誰在甲板上留下那麼多腳印的？

太過分了！我白天好不容易才漆好的甲板……海盜船長殭屍，您可要為我做主呀！

有話快說，
別賣關子！

你們知道坦桑尼
亞萊托利爾地層
中的腳印嗎？

坦桑尼亞萊托利爾地層
中曾發現了一組距今約
360 萬年的足印，跟
當時生活在非洲的猿類
的腳掌形狀不同。

甚麼亂七八糟
的，說重點！

因此有人猜測那是一種尚未
被人類發現的人屬動物留下
的，也有人認為它們是南方
古猿阿法種的腳印，他們已
經學會了直立行走。

真相是？

你究竟想說甚麼！
我們不是來聽你講
故事的！

海盜小鬼殭
屍是在賣弄
學識。

23

甲板上的腳印都是左腳，可我沒有左腳啊！

我跳！我跳！

難道是……

不早了，今天就到這兒，大家快回去睡覺吧。

海盜船長殭屍，您又夢遊了？

這樣我怎麼睡得着啊！

您就將就一會兒，等甲板的油漆乾了，我馬上就放了您！

**?**

　　1976 年，坦桑尼亞萊托利爾地層的火山灰中發現了一組保存得極好的足印，距今約 360 萬年。通過研究，古人類學家認為腳印的主人已經能夠雙足直立行走，這是古人類能夠直立行走的最早證據。這組腳印的主人到底是誰，並不能完全確定，但一般認為是南方古猿阿法種留下來的。

「人類祖母」露西是怎麼死的？

圖書館

靜

啊！

啊！

哈哈，被嚇到了吧？

26

菜問，圖書館裏是不能大聲喧嘩的。

不好意思。向日葵，你在看甚麼書呢？

《「人類祖母」——露西的故事》。

「人類祖母」？

難道人類有一個共同的祖母，她一個人繁衍出幾十億人類？她的名字叫露西？

不是啦，露西是在埃塞俄比亞發現的一具南方古猿化石，距今約 320 萬年。這具化石較為完整，是人類起源研究中一項非常重要的發現，因此被命名為「人類祖母」。

這不就是個猿猴嗎，哪裏像人類呀？

露西身高只有 1.1 米，她長得的確很像黑猩猩，但她已具有現代人類的特徵，比如她的骨盆和現代女性的很相近，而且她已經能直立行走了。

從露西的牙齒化石來看，她去世時只有 12 歲。她究竟怎麼死的，至今是個謎。

我聽說古人類在還沒有掌握火和武器時，經常被野獸獵食，恐怕是……

可是科學家並沒有在露西的骨骼化石上找到被獵殺和蠶食的證據。

難道露西是從樹上跌下來摔死的？有科學家稱南方古猿仍有在樹上居住的習慣，也許她不小心就……

菜問，圖書館裏不准大聲喧嘩！

我只是想到……

菜問，既然你精力這麼旺盛，就去儲藏室整理藏書吧。

哦。

菜問，你也來了？

堅果，你也是因為在圖書館裏大聲喧嘩被懲罰了嗎？

我是因為沒說話。火炬樹椿老師今天抽查作業，我回答不出來……

……

整天睡懶覺，怪不得完不成作業……

呼呼呼。

　　露西是人類最著名的祖先之一，她是生活在 320 萬年前的阿法南方古猿。有科學家認為她是從樹上跌落而亡的，她骨骼化石上的骨折痕跡就是證據。儘管露西能直立行走，但有時仍在樹上生活。也有科學家不認同這種說法，認為露西骨骼化石上的骨折痕跡，或許是她死後屍體被其他動物踩踏造成的。

直立人是由能人進化而來的嗎？

哈哈！快來抓我呀！

哎喲！

菜問！

說過多少遍，不准在博物館裏打鬧，弄壞了文物怎麼辦？

老師您看，文物沒倒……

哎喲！

ㄅ

啊！這下慘了⋯⋯

你們太不像話了！

老師，骨架重新拼好了。

還好藏品沒有損壞，不然你們可闖下大禍了！

不就是一副骨架嘛，有那麼珍貴嗎？

這是早期古人類直立人的骨架，當然珍貴啦！

人類的進化大致分為幾個階段：地猿、南猿、能人、直立人、智人，直立人是由能人進化而來的。

這也不一定。考古學家最近發現，能人和直立人同時存在了相當長的一段時間，他們很有可能是由共同的祖先進化而來的。

直立人出現在大約 200 萬年前，他們的行走姿勢和現代人差不多，而且他們已經擺脫了樹上的生活，完全在地上生活了。

直立人都長甚麼樣子呀？

中國的元謀人、北京猿人都是他們的代表成員。唔，就是這個樣子。

喂，你們幾個……

我是博物館管理員。你們幾個竟然在博物館裏玩火，太過分了！

我們沒有啊！

人贓並獲，你們還想抵賴？

菜問、紅針花，你們竟然做出這種事，太不像話了！

我說你呢！作為老師竟然帶頭玩火，點着了文物你賠得起嗎？

以後來博物館，還是讓倭瓜校長帶隊吧。

嘻嘻！

　　一般認為，能人生活在 250 萬至 160 萬年前，是由纖細型南方古猿進化而來。能人身材矮小，但能用火山熔岩製作簡單的石器，被認為是人屬最早的成員。而直立人生活在 200 萬至 20 萬年前，比能人更進步，通常認為直立人是由能人進化而來的。但最新的研究發現，他們曾並存長達 50 萬年，人類祖先或許並不像我們想像的那樣，一直沿着一條直線進化。

人類進化的「缺環」找到了嗎？

騎牛小鬼殭屍，你鬼鬼祟祟的幹嗎呢？

哎喲，好痛！

告訴你一個祕密，我很快就會發財了！

你中彩票了？

我怎麼會去幹買彩票這種事！

我弄到了個無價之寶，很快就會成為收藏界受人追捧的巨星了！

甚麼寶貝呀？讓我也見識見識！

皮爾當人頭骨！

頭骨？這東西值錢嗎？

當然！你知道人類進化的「缺環」嗎？

知道，我買的六環彩票，總是「缺一環」，所以中不了。

燒い

滿腦子都是彩票……

達爾文提出人類和猿類是同一個祖先後，有科學家提出在古猿進化到人類的過程中有個過渡環節，只是人類尚未找到這個缺失的環節，所以被稱為「缺環」。

皮爾當人就是你所說的「缺環」？

對，皮爾當人是從古猿到人的過渡類型，這個頭骨一旦公佈於眾，必定轟動全球！

太棒了！你發達了之後，可別忘了一手把你撫養長大的我呀！

我剛才好像聽到有人在說皮爾當人頭骨⋯⋯

你⋯⋯你一定聽錯了，我們是說皮兒⋯⋯當然配合骨頭熬湯才好吃⋯⋯

對對對！

別瞞我了，剛才我都聽見了。

頭骨可不是那麼容易找到的，你們說的皮爾當人，那是一場騙局。

騙局？

關於人類進化的順序，有人認為直立行走的能力早於大腦的演化，有人則認為大腦演化在先。皮爾當人腦容量較大，但面部原始，一度被當作後一種觀點的證據。

後來有人發現，皮爾當人頭骨是用人類的頭骨和猩猩的下顎骨組合起來的冒牌貨。

可惡，牛仔殭屍竟然騙我說皮爾當人頭骨是無價之寶……

沒關係，收藏失敗了，我們還可以繼續買彩票，一樣有發財機會。

我建議你們沒事多看些書，比買彩票有用得多。

我們完了，一切都完了。

我們？你被騙和我有甚麼關係？

牛仔殭屍騙我花高價買皮爾當人頭骨……

高價？你……你哪兒來那麼多錢？

我把你的所有家當和房產都給了牛仔殭屍……

啊？

牛仔殭屍，你給我站住！

你不把我的房產證還回來，我跟你拚了！

18 世紀時，人們認為所有的生物都能相互聯繫形成一個巨大的鏈條，人類位於這個鏈條的頂端，而一些簡單的、低端的生物位於鏈條的底端。「缺環」一詞的出現受到這種思想的影響，它被用來指不同生物之間的過渡類型的化石。有許多化石被認為是人與古猿之間的缺環，如南方古猿、能人、直立人等。

# 誰製造了最早的石器？

今天的手工課作業是製造小飛機。大家兩個一組，下週一交作業。

好！

我做的飛機一定飛得最遠！

第一名一定是我！

我做的飛機能繞學校一圈！

我做的飛機能環繞植物鎮一周！

夠了，我們又不是比賽吹牛。

哦……

既然你們倆做飛機都這麼在行，那就強強聯手分在一組吧。

啊？

黃昏

我才不跟紅針花合作呢，我自己就能做出最棒的飛機。

明天就是週一了，你的飛機做完了嗎？

當然做完了，我的飛機一定是最棒的。

哼！一看你使用的工具，就知道你做的飛機不怎麼樣。

41

製作飛機靠的是技術，和工具有甚麼關係？

業餘！擁有領先的工具才是制勝的法寶！

你知道嗎，人類之所以能在眾多生物中脫穎而出，和他們能夠製造工具密不可分。

別淨說些沒用的，故弄玄虛。

而且，你怎麼證明這兩者之間存在密不可分的關係？

你想啊，早期人類無論是體型還是力量都不如大型食肉動物，他們靠甚麼生存？靠的就是手裏的工具！

人類是最早掌握製造工具方法的物種，早在 260 萬年前，生活在埃塞俄比亞戈納遺址的能人，就製造出了最早的石器。

不對，最早的石器發現於肯雅的圖爾卡納湖畔，約有 330 萬年的歷史，不可能是能人製造的。

不是能人，那是誰？

有人猜測是扁臉肯雅人，因為扁臉肯雅人在這個時間段生活在這一地區，但還沒有定論。

好啦，我們還是來比試一下誰的飛機更厲害吧！

比就比，誰怕誰！

看我的飛機飛得多高！

在我的面前說這話臉不紅嗎？

紅針花，你的飛機果然飛得遠，能給我看看你使用的工具嗎？

當然可以。

不好，起風了，飛機改變了航向！

糟糕，前面有條小河！

完了，我們的飛機都毀了，明天怎麼交作業呀？

……

我有辦法！

甚麼辦法？

豌豆射手的飛機飛行距離42米。

太棒了！

咦，怎麼不見菜問和紅針花？

他們一定是覺得上星期說大話說過頭了，不好意思來。

嗖

我們來啦！

近年來，肯雅的圖爾卡納湖發現了約 330 萬年前的石器。在這之前，戈納遺址出土的石器被認為是最早的石器，距今約 260 萬年。已知最早的能人化石生活在 280 萬年前，那麼這些 330 萬年前的石器製作者必不是能人。研究者認為這批石器的製作者可能是扁臉肯雅人，他們在這一段時間曾生活在東非，不過真相如何，還需要進一步的研究。

45

人類的祖先從甚麼時候開始狩獵的？

正中靶心！

好棒！

堅果，該你啦。

我一定也能射中靶心！

嘿！

沒中。

沒關係，再來一次！

爬起

呱⋯⋯

啪

還是沒中。

你一次多射幾支箭，總有一支會射中的！

那隻烏鴉真倒霉⋯⋯

⋯⋯

嗖嗖嗖

呛呛呛

不玩了，射了一上午，一支箭都沒射到靶上！

射箭究竟是誰發明的遊戲，一點意思都沒有。

射箭原本就不是甚麼遊戲，它最初是用來狩獵的。

最早人們狩獵都是用弓箭嗎？

當然不是，人類最早的狩獵活動遠遠早於弓箭出現的時間。

原始人狩獵通常靠計謀，他們先把動物引到懸崖邊或沼澤中，再驅趕牠們使其摔下懸崖或陷入沼澤，再來獵殺牠們。

原始人真辛苦！

如果他們不去狩獵那就只能吃素了。

那倒未必，他們可以吃其他猛獸吃剩的食物，即食腐來獲取肉食。

好噁心，這不是和殭屍差不多嘛！

我可不想變成殭屍那樣，我要繼續練習射箭！

這次我一定能成功！

咦，我的箭還沒射呢！

撲通

小烏鴉，放心吧，這回我一定不會再誤傷你了。

人類是從甚麼時候開始狩獵的，這一問題至今是個謎。主流觀點認為，人類始終有獲取肉食的需要，但是因羣體太小和缺乏得力工具，大概到 250 萬年前才開始狩獵。考古學家曾在奧杜威峽谷發現了帶有切割痕跡的動物骨骼，這證明那時動物已經成為人類的美食。不過也有學者認為，人類開始狩獵的時間應該更早，具體何時還有待進一步考證。

人類的腦容量為甚麼會增加？

嘿！

錯了！錯了！又錯了！

都教了一百遍了，你怎麼還沒學會！

一定是我太笨了……

你看那隻猴子都學會了，難道你的腦子還不如猴子嗎？

……

人類是由古猿進化而來，說不定跟猴子是遠房親戚呢，不如牠們也很正常。

人的腦容量是猴子的好幾倍，能一樣嗎？

可是我記得 700 萬至 600 萬年前的乍得人，腦容量還不到 400 毫升，和黑猩猩的腦容量差不多呀。難道人類的腦容量會增加？

人類的大腦本身就在不斷演化中。南方古猿的腦容量在 450 毫升左右，能人為 600 毫升以上，北京猿人平均為 1000 毫升，尼安德特人的腦容量為 1600 毫升，比現代人的腦容量還要大。

有很多原因，比如基因的進化，工具的製作和使用，語言的形成，等等。

那是甚麼原因促使人類的腦容量不斷變化的呢？

原來是這樣……

還有很多假說呢。

有人認為是直立行走提升了人類的腦容量；也有人認為這和人類學會製造工具有關；還有人認為人類的大腦是從開始吃熟肉後加速進化的。

那人類的腦容量豈不是會一直增長？

不一定，經歷智人後，人類的腦容量處於平緩發展階段。而且腦的演化過程和原因非常複雜，很多問題都是未解之謎。

說了半天，等於白說。

你說甚麼！

我……我是說……說半天也沒用，

不如我和猴子比試，看誰厲害。

這倒是個好辦法。

猴子那麼小，一定打不過我的！

比武現在開始！

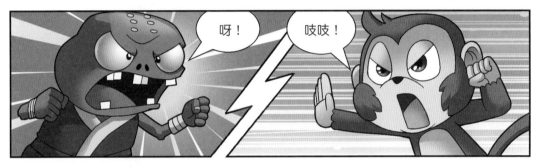

呀！

吱吱！

嘿！

呀呀呀呀！

我已經吃了一個星期的豬腦了，吃得我都快吐了……

以形補形，我要讓你好好補補腦！

你把我補成豬腦，更不如猴子了！

……

吱吱吱！

還讓我吃！你忘了我們殭屍都沒有大腦嗎？

……

人類腦容量的演化過程緩慢而曲折。在人類的早期階段，腦容量發展得很緩慢，直到能人和智人階段，才得以迅速提升。智人之後，人類的腦容量又趨於平穩。究竟是甚麼原因影響着人類腦容量的演化呢？除了故事中提到的幾點，還有學者推測這是適應寒冷氣候的結果，因為大頭能存儲更多的熱量。至於哪種原因起了決定性的作用，還需更多的化石證據和研究才能下結論。

人類為甚麼大多數是「右撇子」？

嘰リ 嘰リ

菜問，豌豆射手在操場等你踢球呢。

不行，我的作業還沒完成！

可是，豌豆射手說比賽沒你守門不行，讓你趕緊去呢。

那是當然，有我在，就沒有守不住的球！

看球！

哎喲！

又說大話，你不是說沒你守不住的球嗎？

這……這叫臉部守門法。說了你也不懂！

菜問，你的作業怎麼還沒做完？

沒看見我在用左手寫作業嗎？

啊？你一直都用右手寫字，為甚麼突然改用左手呀？

左右開弓不好嗎？為甚麼偏要用右手寫字？

用右手是人類多年來養成的習慣。

是甚麼時候養成的習慣呢？

57

一般認為在舊石器時代，人類就已經有以右手為主導的習慣了。

那麼早？

考古學家從史前人類製作的手斧的形狀，以及他們繪製的洞穴岩畫中出現的手掌印跡推測，

至少在 20 萬年前人類就已經開始有「右撇子」的傾向了。

不過也有學者對這個結論提出質疑。總之人類是甚麼時間、因為甚麼原因變成「右撇子」的，至今是未解之謎。

看來人類還藏着許多祕密等待我們去發現。

他說他能用兩隻手同時寫字，為了挫一挫他的銳氣，我說我也會。明天我們倆還要比賽呢！

菜問，你甚麼時候才能改掉說大話的毛病啊？

對了，菜問，你還沒回答我用左手寫作業的原因呢。

還不是因為那個紅針花……

菜問，你上當了！

上當？

紅針花有四隻手，他自然可以用兩隻右手同時寫字，你輸定了……

菜問，你寫的字怎麼歪歪扭扭的，回去重寫！

嗚嗚嗚……

　　大多數現代人類都是「右撇子」，而科學家對黑猩猩等靈長類動物研究後發現，牠們中除了少數表現出輕微的「左撇子」傾向，大多數沒有明顯的「右撇子」傾向。這說明從猿到人的進化過程中，存在着一種向「右撇子」的轉變，不過促使這種轉變的機制至今是謎。有學者推測這可能是人類在狩獵時需要用左手保護心臟，不得不用右手抓握武器的結果。

# 人類的語言是怎麼產生的？

啊！我親愛的老師……

停！

火炬樹椿老師，我又有哪裏讀得不對嗎？

感情！朗誦需要投入感情！

都快 7 點了，我肚子餓得咕咕叫，哪兒還有甚麼感情啊！

就知道吃！明天就要演出了，可你這水平還差得遠呢，急死我了！

可我就是沒法投入感情……

語言就是一種情感的傾訴，你要細細體會其中的深意。

人類幹嗎要發明語言，你看動物們不會說話不也生活得挺好嘛！

從猿到人的轉變，最偉大的創舉就是產生了語言！

那人類是怎麼發明語言的？

這個問題可是個未解之謎，由於缺乏資料，人類只能推測，因此形成了眾多假說。

有擬聲說、感歎說、勞動說、生物進化說、契約說等，總之還沒有定論。

我猜人類一定是肚子餓得咕咕叫的時候發明了語言。

有人曾提出「咕咕」「汪汪」這樣的擬聲詞是人類模仿自然界的聲音習得的。不過擬聲詞只佔人類語言的一小部分。

這是我肚子的語言，我可控制不了……

咕咕

……

討厭！

老師……你……你討厭我？

不好意思，堅果。我剛才我只是在想「討厭」「哎喲」「哈哈」這樣的詞可能是人類祖先在氣憤、痛苦、興奮的狀態下自然發出的聲音。

……

你在朗讀的時候，把你最喜愛的事物帶入你的朗讀中，這樣才能讀出真實情感！

我最喜愛的事物⋯⋯

明白了，老師！

接下來請聽詩歌朗誦《我的老師》。

不知道昨晚堅果練習得怎麼樣。

啊！

不錯，很有感覺，看來我最後的叮囑起作用了！

親愛的薯條，我要感謝您！啊，我愛的雞腿，法式布丁沙拉……

哈哈

哈

……

堅果，誰讓你亂改朗誦詞的？

不是您讓我把自己喜愛的事物帶入到朗誦之中嗎？

語言的起源至今是人類學的難題，還沒有統一的答案。「擬聲說」認為語言起源於人類對外界聲音的模仿；「感歎說」認為語言起源於原始人對所思所想的抒發；「勞動說」認為語言起源於伴隨勞動而發出的應和；「生物進化說」認為語言是人類大腦和神經系統功能完善的結果；「社會契約說」認為原始人為了交流方便，共同約定了一些事物的名稱，語言由此產生。

人類是甚麼時候學會用火的？

魚又上鈎了！

好大的魚呀！

為甚麼菜問總是能釣到大魚，而我卻一條也沒釣到……

因為向日葵為我準備了魚最愛吃的紅蚯蚓乾，所以我才能釣上大魚。

原來是向日葵偏心，為菜問準備了魚餌！

出發前，我給你們倆都準備了一盒紅蚯蚓乾。看，空盒還在哪兒呢！

那盒子裏不是你給我們準備的零食嗎？

我可沒給你們準備零食。堅果，你不會把紅蚯蚓乾都給……

怪不得我總覺得這零食味道怪怪的……

堅果，你居然把一盒紅蚯蚓乾都吃了！

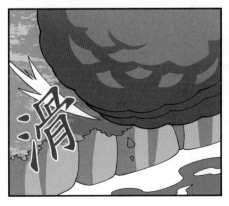

滑

撲

通

傍晚

好冷啊！

堅果，你渾身濕透了，快烤烤火，不然會着涼的。

好溫暖，我現在感覺好多了。火真是個好東西！

那當然，火不但給人類帶來了光明和溫暖，還保護人類免受野獸的侵襲。

火有那麼神奇嗎？

你可別小看了火，它使人類的生活條件得到了極大的改善，存活率更高了。

那人類是從甚麼時候學會用火的？

這是個未解之謎，一般認為直立人階段的人類就已經開始用火了。考古學家曾在北京猿人的洞穴地層中發現了使用火的痕跡。

火讓人類吃上了熱騰騰的食物。

是呀，熟肉比生肉更有營養，也更加衛生，人類的祖先才會愈來愈強壯。

吃烤魚嘍！

這些都能吃了。

好香啊！

我也要！

堅果，你的毯子燒着了！

啊！

沒關係，我來滅火！

堅果，你甩出的火星把周圍的乾草都點着了！

我去打水滅火！

看你幹的好事！

我不是故意的……

別吵了，現在有一個好消息，一個壞消息，你們先聽哪一個？

當然先聽好消息！

好消息是毛毯還有一半沒燒壞。

那壞消息呢？

壞消息是，除了毛毯，我們帶來的用品和帳篷全燒壞了……

啊！

好恐怖……

在 100 多萬年前的遺址中，考古學家發現了燒土、燒骨等用火痕跡，因此認為直立人時期人類就學會了使用火。不過，有學者對此表示質疑，認為這些用火痕跡可能是天然火留下的痕跡。目前證據較為充足的、最早的用火遺址位於以色列，距今 79 萬年。火改善了人類的生存環境，大大擴展了人類的生存空間，拓寬了人類的食譜範圍，對於人類體質的演化具有重要的作用。

人類的祖先為何褪掉了身上的體毛？

唉……

騎牛小鬼殭屍，你怎麼愁眉苦臉的？

我這麼年輕，頭髮就脫得只剩這麼一點了，怎麼辦哪？

不用擔心……

你當然不擔心啦，你有那麼多頭髮！

如果你倒過來，換個角度看，可能就會感覺好點。

騎牛小鬼殭屍，你這是幹甚麼？

你騙人，我倒立過來看，頭髮還是一樣少！

我說的倒過來，是說你倒退到幾百萬年前。

幾百萬年前和我的頭髮有甚麼關係？

毛髮多未必是好事。你想一想，遠古人類本來全身都長着毛髮，為甚麼到了現代人類，身上和臉上的毛髮卻不見了？

古猿

現代人類

為甚麼呢？

有人認為濃密的體毛會妨礙汗水的蒸發，所以逐漸褪去了；也有人認為這與性選擇有關，人們總是喜歡皮膚光滑的人，所以這種特徵保存了下來。

還有人認為人類褪去體毛，是因為濃密的毛髮更容易藏匿蝨子等寄生蟲，滋生各種疾病，不過這個說法尚有爭議。

聽你這麼一說，倒是讓我想起了我的偶像殭屍博士，他也是禿頂！

啊嚏！莫非有人在說我壞話？

看來禿頂也沒甚麼不好！

你這樣想就對了。

誰呀？

一定是我的快遞到了！

先生，您的生髮水到了。

哈哈，這回我的頭髮有救了！

淘金殭屍，你為甚麼要買生髮水？

因為我的頭髮早就掉光了……

你竟然還假惺惺地勸我，自己卻買了生髮水！

別生氣了，大不了生髮水分你一半。

為了抵禦寒冷的天氣和灼熱的陽光，人類的體毛應當相當濃密才是，但事實卻是愈來愈少。有學者認為褪去體毛有利於人類在狩獵過程中散熱；也有學者認為這是人類為了避免寄生蟲附着所做出的進化；還有人認為這是人類大腦不斷發展的結果。關於人類的祖先為甚麼褪去體毛，我們知道的仍然很少。

人類是從甚麼時候開始穿衣服的？

船長，您的新禮服好華麗呀！

有這麼好看的衣服，您為甚麼不穿呀？

傻瓜，這是電腦合成的圖片。這件衣服我一個月前就讓海盜殭屍去高價訂製了。

海盜小鬼殭屍，我來考考你。你能用一個成語來形容我穿這身禮服的樣子嗎？

我想一想……

76

衣冠禽獸!

是衣冠楚楚啦!

哦……

對了船長,都一個月了,怎麼禮服還沒到呢?

是呀,也該到了……

滾桶殭屍,這幾天怎麼沒看見海盜殭屍,知道他去哪兒了嗎?

不知道,我也好幾天沒看見他了。

船長，這滾桶裏好像有動靜！

哦？

是海盜殭屍！

海盜殭屍，你在滾桶裏做甚麼，還不趕快出來！

不……不行，我……我的衣服洗了沒乾，光着身子不太雅觀……

這樣啊……

光着身子有甚麼關係，我們都這麼熟悉了。

那可不一樣，穿衣遮體是人類走向文明的象徵。

大約在 5 萬年前，人類就能用骨針來縫合獸皮，製作獸皮衣服了。但有科學家認為在 19 萬年前人類就已經穿上衣服了，因為那時出現了體蝨。

等一等，體蝨和人類穿衣服有甚麼關係呀？

科學家認為體蝨大約在 19 萬年前由頭蝨分化而來，牠產生的條件是要有新的寄居地，當時人類體毛退化，那只能是衣服了。

而且當時人類已經向亞歐大陸遷徙，那兒的氣候相較於非洲非常寒冷，如果不穿衣服，很難生存下來。

原來人類穿衣服還有這麼多學問。

對了，海盜殭屍，我讓你訂製的禮服怎麼還沒到呀？

應該快來了吧……

快甚麼快，已經一個月了，還沒見到衣服的影！

海盜殭屍在哪裏？

你們有沒有看到海盜殭屍，他還欠我一大筆賭債呢！

海盜殭屍惡習不改，又去賭錢了！

由於纖維、獸皮等材料很容易腐爛，科學家只能通過間接證據來推測人類是從甚麼時候開始穿衣的，其中最主要的間接證據就是蝨子。頭蝨和陰蝨主要寄生於人的毛髮中，出現得比較早，而體蝨普遍認為是由頭蝨分化而來，牠要成為一個新的物種必須有新的寄居地，最大的可能就是衣服。科學家通過研究體蝨從頭蝨分化的時間，推斷人類穿衣的歷史超過了 19 萬年。

人類是從甚麼時候開始發展農業的？

開飯啦！

今天都是我喜歡吃的菜！

哈哈！

堅果，你夾菜的時候，能不能考慮一下別人的感受？

……

不能浪費！

快走開，噁心死了！

到底是誰制定了一日三餐的規矩呢？

難道你還嫌不夠？

當然，我覺得一日十餐還差不多。

我怎麼會有你這樣的弟弟……

一日十餐，農民哪兒能忙得過來。

那還不是因為農業發展的時間太短，沒有特別有效的種植技術嘛！

這你可錯了，人類的農耕歷史可以追溯至1萬多年前，這被看作是人類掌握火之後的又一偉大革命。

1萬多年前人類就開始耕種了？

有學者認為，更新世末期地球遭遇了長時間的乾旱，這迫使人類開始培植植物和馴養家畜，以確保有足夠的食物來源。

也有人認為，面對大幅增長的人口，原有的採集和狩獵已經不能滿足人類的需求了，

因此轉而去發展回報率更高的農業和畜牧業。

為甚麼這些理論都是假設人類是被迫去發展農業的呢？

畢竟和「日出而作，日落而息」的農耕生活相比，狩獵更加輕鬆一些。

我吃完了！

甚麼？

好飽呀！

堅果，你怎麼不給我留點菜呀！

哥哥，今天我們為甚麼要買盒飯哪？

這樣我的那份就不會被你吃了。

關於為甚麼會產生農業，曾經有多種理論。「綠洲理論」認為地球經歷過一段氣候惡劣時期，迫使人類聚集於一處綠洲中，並學會了培育植物；「核心地帶學說」認為有一處適宜培養動植物的地區，人類在這個地區發展了農業；「人口壓力論」則認為隨着氣候變暖，傳統的狩獵和採摘供給不了爆炸式增長的人口，於是催生出了農業。

元謀人是中國最早的直立人嗎？

豌豆射手，我把所有的餅都吃完了，可還是感覺餓……

你把我們一週的口糧都吃完了？

爬了一上午山，消耗那麼大，當然需要補充營養啦！

奇怪，我們在這兒已經繞了好幾圈了，你不會迷路了吧？

堅果，快把你包裹的地圖給我看一下。

地圖上怎麼全是油漬,根本看不清路線!

我……我吃餅的時候用這個擦嘴……

現在該怎麼辦?我們被困在這兒出不去了!

糟糕,餅都吃光了,我們不會餓死在這裏吧?

還好地上有餅的碎屑,不能浪費。

都甚麼時候了,你還想着吃!

有辦法了!順着地上的餅屑我們就能找到回去的路。

豌豆射手，你今天幹嗎要帶我來荒山哪？

我聽說這座荒山上發現了野人的蹤跡，這兒是元謀人化石的發現地，我猜元謀人一定還存在。

「圓某人」？難道這種人長得比我還圓嗎？

不是啦！元謀人是在中國雲南元謀縣發現的直立人，比北京猿人還古老呢！

啊？中國還有比北京猿人更古老的古人類？

一般認為元謀人生活在 170 萬年前。不過，在元謀人化石發現之初，有一些學者認為元謀人的年代可能為距今 60 萬至 50 萬年。

為甚麼會產生這樣大的分歧呀？

主要是元謀人牙齒化石的埋藏地層存在爭議。不過，愈來愈多的人認為距今170萬年是一個可信的數據。

170萬年前？那元謀人的生活肯定很辛苦，連餅都吃不上。

那時，這片山麓氣候溫和，食物豐富，再加上元謀人已經能夠製造工具，相比其他古人類，他們的生活應該幸福得多。

快看！前面有個披着獸皮、蓬頭垢面的傢伙在撿我的餅屑呢！

一定是元謀人！

喂，元謀人，我們可找到你啦！

豌豆射手、堅果！

怎麼是戴夫？

戴夫，你怎麼在這裏，還穿着獸皮？

嗚嗚嗚……你們終於來救我了！

戴夫，別激動，快告訴我們這究竟是怎麼回事！

三個月前，我來這一帶旅遊，沒想到在山上迷了路，手機也沒信號……我被困在這兒，每天只能吃野果充飢，過着野人一樣的生活……

戴夫，不用擔心，我們這就帶你回去。

太好了，終於可以離開這個鬼地方了！

咦，餅屑不見了？

好久沒吃東西，見地上有吃的，我就都撿起來吃了，怎麼啦？

那你還記得餅屑的源頭嗎？

這我沒留意……

看來這回我們真要在這兒當野人了……

戴夫，你可把我們害慘了！

？

再高點，還是沒信號！

快點，我快撐不住了！

　　元謀人發現於 1965 年夏，為地質工作者在雲南元謀上那蚌村進行地質考察時發現。當時發現了兩顆人類的上門齒化石，這兩顆門齒粗大，有很多明顯的原始特徵。但是鏟形的上門齒又說明元謀人與中國境內其他地點的古人類及現代蒙古人種具有一致的特徵。元謀人生存於距今 170 萬年前，是中國境內發現的最早的古人類化石。

尼安德特人是現代人的祖先嗎？

哥哥，你知道今天是甚麼日子嗎？

不知道！沒見我正忙着嗎？自己玩吧。

哥哥！

難道有甚麼事情比我還重要嗎？

別鬧了，我現在關心的是尼安德特人……

可今天是……

好啦，快出去玩吧。

尼安德特人？

你哥哥真過分，為了那個人，連你的生日都忘了。

別哭了，這個波板糖送給你。

真好吃！

有了吃的，甚麼不愉快我都能忘記……

我倒要看看那個尼安德特人究竟是誰！

對，我們現在就去高堅果的房間裏瞧一瞧。

走，去你哥哥的房間！

大家找到甚麼線索了嗎？

看！哥哥早上看的就是這本書！

《尼安德特人》！

這個傢伙莫非是大明星，居然被寫進書裏了！

就是因為他，哥哥最近總是忽視我。

嘿！

菜問，你……

菜問做得對，這樣你哥哥就不會再忽視你了。

你們在我房間裏做甚麼呢？

哥哥！

高堅果……

快跑啊！

哎喲！

生日快樂

看你們幹的好事！

是生日蛋糕！

哥哥，你……

當然，本來想給你個驚喜，沒想到……

哥哥，原來你沒有忘記我的生日。

我們以為你心裏只有尼安德特人，忘記了堅果……

尼安德特人？你們也對古人類感興趣嗎？

古人類？

尼安德特人生活在20萬至3萬年前，主要分佈在亞歐大陸，是早期智人的一種。

我最近研究他們和現代人類究竟是甚麼關係。

原來尼安德特人不是明星啊！

儘管尼安德特人不是你所說的那種明星，但絕對是古人類中的大明星。

為甚麼這樣說呀？

考古學家發現，尼安德特人不僅是頂尖獵手，而且還能製造精巧的工具和飾品，甚至欣賞音樂，舉行簡單的喪葬儀式。

他們這麼聰明，那很可能就是現代人類的祖先啦！

可是科學家研究了他們與亞歐大陸現代人類的基因組，發現只有 1% 至 4% 的相似基因，所以他們和現代人類的關係至今是謎。

我的生日蛋糕……

堅果，別難過，我還有一張優惠券，就放在……

奇怪？你們有沒有看見一本名叫《尼安德特人》的書，優惠券就夾在裏面！

菜問、豌豆射手，我恨你們！

今天你們不把《尼安德特人》找出來，我就和你們絕交！

尼安德特人曾廣泛分佈在亞歐大陸，他們的腦容量平均約為 1600 毫升，比現代人的平均腦容量大。他們能夠用動物骨骼建造房屋，懂得用火，並且很可能已發展出語言和原始的宗教意識。但是，大約在 4 萬年前，尼安德特人突然滅絕，有學者曾認為尼安德特人與現代人毫無關係，但愈來愈多的學者認為，尼安德特人與現代人有過基因交流。

# 尼安德特人為何消失？

植物鎮博物館

今天來博物館，主要是想讓同學們瞭解從古猿到現代人類的進化過程。

堅果，你專心點！不然一會兒校長提問，你又回答不出來了。

放心吧，我隨機應變的本領可強了。

哈哈，原始人還吃燒烤呢！

那是智人。

智人一定很會做飯吧？

堅果，別流口水啦，你把展品都弄濕了！

哦。

堅果，我剛才對智人的介紹，你都記住了嗎？

當然……

那我考考你，尼安德特人是怎麼滅絕的？

尼安……甚麼？

是尼安德特人！

哦！

堅果，看這兒！

堅果，你剛才沒仔細聽講吧？

我聽了……

我知道了，是因為尼安德特人不會做飯，所以被餓死了！

甚麼？

嘿嘿～

是因為尼安德特人不會做飯，所以被另一支智人打死了！

甚麼亂七八糟的！

向日葵，還是你來說吧。

好！

尼安德特人是早期穴居人，大約在 4 萬年前突然滅絕。

有學者認為，尼安德特人滅絕的時間正是末次冰期席捲亞歐大陸之際，他們很可能是因為經受不住嚴寒而滅絕的。

還有人認為，尼安德特人是在與早期現代人的競爭中失敗，被淘汰了。

向日葵說得很好，其實尼安德特人滅絕的原因至今仍沒有定論。

堅果，你現在記住了沒有？

咦，堅果又去哪兒了？

好大的鍋呀，原始人一定很會烹飪！

堅果，你為甚麼總是一副吃不飽的樣子？難道你的伙食有問題嗎？

是呀，我哥哥做的飯總不合我的胃口……

那你現在就去找你哥哥……

是讓他今晚改善我的伙食嗎？

讓他馬上到校長室來！

啊？

回去一定要嚴格教育！

堅果，你要是再不好好學習，我就不給你做飯了！

關於尼安德特人滅絕的原因有很多種說法，有人認為他們是因為氣候變化及與現代人競爭失敗而滅絕；有人認為他們是因與現代人繁殖後代，漸漸融合而消失；還有人認為現代人從非洲出走帶來了病毒，而尼安德特人對這些病毒毫無抵抗力，因此滅絕。究竟是甚麼原因造成尼安德特人滅絕，恐怕還需要更多的研究才能揭曉謎底。

# 丹尼索瓦人長甚麼樣？

再往前挖！

挖了一上午，甚麼都沒挖到……

繼續往前挖，一定能挖到的！

你說這兒有丹尼甚麼人的頭骨化石，消息準不準確呀？

是丹尼索瓦人的頭骨化石！

消息是殭屍博士告訴我的，他說這一發現是他畢生的考古成就。

我怎麼從沒聽說過殭屍博士還研究考古學呢？

博士告訴我，在 5 萬至 3 萬年前，丹尼索瓦人生活在亞歐大陸西伯利亞一帶。

為甚麼只有我一個人在挖，你卻光說不動手？

因為我要動腦啊！

別以為動腦輕鬆，我每天都要消耗大量的腦細胞，都快虛脫了……

你沒事吧？對不起，是我錯怪你了。

我犧牲一點沒關係，只要能找到丹尼索瓦人的頭骨化石，我們將獲得用不盡的財富！

丹尼索瓦人的頭骨化石有那麼珍貴嗎？

當然珍貴！

直到現在，人們還沒有找到過丹尼索瓦人的頭骨化石，更無法復原出他們的樣貌。如果我們能找到，一定會轟動世界。

炸彈殭屍，這裏有好多碎骨頭！

太好了，讓我看看！

終於挖到了，我已經聞到了金錢的味道！

怎麼有點臭？

別管那麼多，趕緊挖！

怎麼是雪人殭屍？

呃！

你們幹嗎弄壞我的馬桶？

馬桶？這些碎骨頭是……

這是你的……

這還用問嗎？這是我沒消化的食物殘渣！

……

快離我遠點！

雪人殭屍，你怎麼會住在這兒？

我被殭屍博士忽悠到這裏來挖丹尼索瓦人的頭骨化石，可我挖了兩年也沒發現……

我早該想到的……

📖❓

在 5 萬至 3 萬年前，丹尼索瓦人和現代人類的祖先一同生活在亞歐大陸。目前發現的丹尼索瓦人的化石很少，人類對他們的樣貌、體型、腦容量等資訊知道得很有限。通過 DNA 研究，科學家認為丹尼索瓦人與尼安德特人和現代人為不同的人羣，但對現代人有基因貢獻。

現代人的起源地究竟在哪裏？

戴夫，我們來了！

原來戴夫讓我們來這兒，是想請大家吃燒烤啊！

你們幫助我對付殭屍，我要好好慰勞你們。

太棒了，這回我們有口福了！

沒想到，戴夫也有大方的時候呀！

甚麼話，我一向如此！

可惜我正要減肥……

沒關係，你那份我替你吃了。

不用了，吃不飽哪兒有力氣減肥呀，今天我要多吃些！

你也太善變了吧。

咦，怎麼沒看見燒烤的食材呢？

是呀，我們今天烤甚麼呀？

我提供燒烤場地和設備，食材就交給你們了。

戴夫還是一如既往地小氣……

我這是在培養你們自強不息的能力。

說得好聽，其實還不是想吃免費大餐……

你們要向現代人的祖先學習，他們排除了重重困難才走出非洲大陸，並靠着自己的雙手豐衣足食，使人類文明遍佈全世界。

甚麼？你說現代人的發源地是非洲？地球有五大洲，幾十億人口，祖先怎麼可能只有一支？

堅果的疑問很有道理，看來你最近長進不少。

快說是怎麼回事。

現代人起源於何處，古人類學家一直爭論不休，目前主要有兩種觀點：「非洲起源說」認為現代人類的祖先是在非洲演化成功的早期現代人；「多地區起源說」則認為現代人類的誕生地不止一個，現代人類的起源是多源的。

我支持「非洲起源說」。科學家通過研究不同地區的現代人的DNA，認為人類起源於非洲，這可是現在最先進的研究技術。

我支持「多地區起源說」，人類的演化歷程比我們想像中要複雜得多。

好啦，我們還是先確定食材吧。其實我都準備好了，麻煩你們去車庫裏取一下吧。

我就知道戴夫最大方了。

剛才你可不是這麼說的。

吃得好飽！

你們有沒有覺得今天的食材味道怪怪的？

也許是調料的關係。

?

關於現代人類的起源，有幾種假說。「非洲起源說」認為人類的共同祖先為大約 20 萬年前生活在非洲的一位婦女，她的子嗣在 13 萬年前走出非洲，完全取代亞洲和歐洲的原住民，和原住民毫無基因交流；「多地區起源說」認為人類在第一次走出非洲後，在亞洲、歐洲等地獨立地連續演化；「同化說」主張非洲不是現代人唯一的起源地，各大洲的古人類之間有基因交流。

為甚麼智人成了
最後的倖存者？

我回來了！

這次期末考
試考得怎麼
樣啊？

有一個好消息和
一個壞消息，你
想先聽哪一個？

你考試竟然還
有好消息，我
先聽好的吧。

好消息是今天新班主任說，以我如今的能力去學習明年的課程，一定沒問題！

壞消息是，我明年必須留級，再唸一遍一年級……

看來你今年進步很大呀！那壞消息呢？

直接說留級不就得了，幹嗎搞那麼多花樣！

我不是怕你生氣嘛……

你知不知道我培養你讀書有多辛苦！

我知道，為此你這一年做了很多壞事……

115

閉嘴！我可沒做壞事，你的學費都是我為殭屍博士打工掙來的。

還不都一樣，殭屍博士可沒幹過甚麼好事……

我讓你好好讀書，還不是希望你今後能做一份正當工作！沒有知識和文化，早晚會被這個社會淘汰……

可我現在挺逍遙快活的。

你懂甚麼！你知道智人能打敗同時代的其他近親，發展成現代人靠甚麼嗎？全靠智慧和努力。

不對，老師說是因為智人能適應不斷變化的環境。

你說得也有道理，智人和同時代的古人類相比，適應環境的能力明顯更強，並且他們能通過合作改造環境。

我覺得我就具有智人超強的適應環境的能力！無論是升級還是留級我的內心都很坦然。

你這是不思進取！

你還要學會堅持到底，只要做到這些，一定會成功。

儘管我們是殭屍，但是沒有進取心也是不行的。

淘金殭屍，你說得很有道理！

從今天起，我會堅持一直唸一年級，直到長大成人！

噗！

我為甚麼會養你這樣的孩子！

淘金殭屍，堅強些，你不是說過要堅持到底嗎？

在分類學中，人類屬於人屬智人種。據考古資料，智人（早期現代人）最早出現於 30 萬年前。當時除了我們的智人祖先，世界上還生存有其他人類，比如尼安德特人、丹尼索瓦人等，但最後只有我們的智人祖先留下了後代，即我們現代人。究竟是甚麼原因使他們倖存下來，科學家一直在試圖找到答案。

人類研究中的
謎團

## 人類的膚色是怎麼進化的

　　現今，人類的膚色大致可以分為白色、黃色、黑色、棕色四種。那麼，你是否想過為甚麼人類會產生不同的膚色？人類的祖先最初又是哪種膚色呢？

　　科學家認為，人類的膚色與紫外線強度的地理分佈有直接關係。赤道附近，紫外線強烈，那兒的人膚色多為深色；而遠離赤道的極地地區，紫外線微弱，那兒的人膚色多為淺色。人類的祖先儘管生活在赤道附近，但他們的皮膚最初可能是淺色的。之所以得出這樣的結論，是因為他們的體表和黑猩猩一樣長着濃密的毛髮，這使他們的皮膚不會被赤道附近直射的陽光灼傷，也無須沉澱黑色素來抵禦紫外線（人類皮膚中的黑色素可以吸收紫外線和紫外線照射皮膚後產生的有害自由基），因此他們的膚色可能是淺色的。後來，人類的祖先學會了直立行走，他們從陰涼的森林走向開闊的草原，強烈的陽光照射在他們身上，濃密的毛髮不僅使汗液不易散發，還容易滋生寄生蟲，因此人類的祖先開始逐漸褪去毛髮。皮膚裸露於空氣中，方便了散熱，但是又使人類的祖先面臨着被紫外線灼傷的危險，為此，人類祖先皮膚中的黑色素不斷增多，最終形成了黑色皮膚。

　　有科學家認為，在距今 120 萬年至 10 萬年期間，人類

的膚色可能是黑色的。而當現代人形成並開始向北遷移時，
他們面臨着跟過去完全不同的環境。我們知道，緯度愈高，
照射到地面的陽光愈少，紫外線輻射愈弱。適量的紫外線可
以幫助人體製造維生素 D，維生素 D 對於骨骼的生長起着重
要的作用，而皮膚中過高的黑色素會阻礙紫外線的吸收，所
以此時膚色愈深，愈不利於製造維生素 D，愈不容易在歐洲
等緯度較高的地區存活。為了適應不同地區的環境，人類祖
先的膚色開始改變。一般來說，生活的地區緯度愈高，膚色
就愈淺。然後隨着人羣的遷徙，不同地區的人類進行基因交
流，出現了不同膚色的人種。

　　但一部分科學家又提出了反對意見。他們認為，早期人
類以打獵和採集為生，完全可以從豐富的肉類食物中獲取維
生素 D，缺乏光照並不會對人類的生存產生影響。但農業誕

生後，人類慢慢地只能獲取相對單一的食物，導致維生素 D 缺乏，所以才從黑色人種過渡成為白色人種。近年來，科學家們通過分析人類的基因序列，發現歐洲人皮膚由黑變白可能僅發生在 2 萬年前，或者 1 萬多年前，這個發現更接近於農業假說而不是氣候假說。

總之，到底是甚麼原因使人類進化出了不同的膚色，答案仍舊不得而知。

## ❓ 西瓦古猿是人類的祖先嗎

西瓦古猿生活在距今 1400 萬年到 800 萬年之間，其化石最早發現於 19 世紀末期，在印度與巴基斯坦接壤的西瓦立克山區。1932 年，科學家又在尼泊爾發現了一些西瓦古猿的下頜骨化石。和猿類的下頜骨相比，這些下頜骨化石與人類的更接近，因此有人認為這些下頜骨的主人可能是人類的祖先。由於這些下頜骨化石與在西瓦立克山區發現的化石不同，所以被命名為臘瑪古猿。

後來隨着更多化石被發掘，科學家發現臘瑪古猿與西瓦古猿很相似，臘瑪古猿可能為西瓦古猿的雌性個體，根據最先命名原則，西瓦古猿和臘瑪古猿被統稱為西瓦古猿。西瓦古猿高約 1.5 米，與現代的猩猩相似。從臘瑪古猿的骨骼特

徵來看，他們可以在地面上生活，但是同時也在樹上生活，所以他們可能主要生活在森林或森林的邊緣。他們具有巨大的犬齒、粗壯的臼齒，說明他們的食物非常堅硬，可能以種子或者草類為食。

那麼西瓦古猿是人類的祖先嗎？在 20 世紀中期，科學家認為人類與猿類早在 1400 萬年前就已經分道揚鑣，向着各自的方向演化，所以臘瑪古猿很有可能是人類的祖先。但隨着分子生物學的發展，現在一般認為人類與猿類分離的時間大概在 800 萬年前，西瓦古猿的面部特徵與現代猩猩較為相似，可能是現代猩猩的祖先。

　　南京猿人又被稱為南京直立人，生活在距今 60 萬年至 35 萬年之間，化石在 1993 年發現於江蘇省南京市湯山鎮西南的雷公山葫蘆洞。南京猿人的化石包括兩具頭骨和一枚臼齒。古人類學家復原了 1 號頭骨，經過研究認為南京猿人具有北京周口店直立人的基本形態特徵，但也表現出了地區性的形態特徵。

　　古人類學家發現，南京猿人的鼻樑非常高，有點像今天的

歐洲人，於是有不少科學家猜測南京猿人具有「西方血統」。但進一步的研究證明，在 180 萬年至 20 萬年前，非洲尚未出現鼻樑高聳的遠古人類。因此，當南京猿人生存時，西方還沒有鼻樑高聳的人，南京猿人不可能是「中西混血」的結果。

那南京猿人為甚麼會長出與現代黃種人的矮鼻樑不同的高鼻樑呢？有研究者認為這可能是為了適應當時寒冷乾燥的氣候。人類的鼻子具有調節吸入空氣的濕度和溫度的功能，鼻樑愈高挺，吸入空氣時愈容易升溫增濕，有利於在寒冷乾燥的環境中生存。不過這種說法還需要更多的化石證據。相信未來隨着研究深入，南京猿人高鼻樑之謎一定會解開。

## ？ 人類最早的藝術起源於甚麼

藝術是人類一種主觀的創造物，是人類感知與釋放的高級表現。早在舊石器時代就已經出現了藝術。史前藝術包括雕塑、洞穴壁畫和裝飾品等。那麼這些藝術起源於何時呢？現有考古證據顯示，在 13 萬年前，非洲的摩洛哥就已經有了串珠裝飾品，在 6 萬多年前，洞穴壁畫就已出現。

關於史前藝術的起源，有以下幾種說法。一是藝術論，

即「為藝術而藝術」，認為即使是舊石器時代的藝術品也是從審美的角度出發，是出於審美意識的需要。二是「巫術論」，認為舊石器時代的藝術之所以存在，是因為實際的需要，比如狩獵或繁衍生息的需要，也因此產生了「狩獵巫術論」和「豐產巫術論」。洞穴壁畫通常發現於人們難以接近的洞穴深處，繪畫內容多為當地的大型動物，而這些動物形象身上通常會有被箭刺傷或被斧子砍傷的傷口。「狩獵巫術論」認為這是原始時期的巫師所進行的巫術，目的是刺殺他們所懼怕或想要獵獲的動物。而「豐產巫術論」主要用來解釋一些女性形象的雕塑或繪畫，認為這是對人類繁殖的希

冀。還有理論認為繪製壁畫可能是一種類似於薩滿教的宗教行為，是巫師與神靈溝通的方式。

無論史前藝術產生的原因是甚麼，有一點可以確定，史前的藝術和如今的藝術不同，其功能性遠遠大於欣賞性。史前藝術對於族羣的認同、人羣的交流、身份的象徵等方面起過重要作用。

## ？ 人類的合作行為是如何演化的

人類是自然界中唯一具有高等合作行為的生物，但人類的合作行為是怎樣演化而來的，仍然是科學界無法解答的一個問題。

有科學家認為，人類的合作行為可以提高整個種族的生殖潛能，這種互相幫助、互相合作的模式為人類的祖先提供了更多的食物、更堅固的防衛，以及更好的幼兒撫育條件，這反過來提高了人類的繁殖成功率，將人類推向進化的新高度。從其他的動物發展狀況來看，合作行為也是一種更優越的生存策略。

也有科學家認為，人類合作的出發點既不是利己也不是利他，而是一種相互聯繫的狀態。早期人類會利用合作行為

來彼此關聯，以免被種羣拋棄。此外，人類也是一種擁有共情能力的生物，會被旁人的情緒所影響，這就意味着負面的情緒很容易蔓延開來，所以人類為了保持愉悅，就會做出對雙方有利的行為。我們的大腦中還有一個與回報和激勵有關的區域，如果做出了類似幫助別人的慷慨行為，大腦中的這個區域就會被激活，並產生讓人愉悅的物質，這也解釋了我們為甚麼願意去幫助陌生人。

關於人類為何合作的說法還有很多，但都無法做出全面且有力的解釋，只能等待科學家們的進一步研究。

## ❓ 人類的明天將何去何從

　　有不少科學家對人類的未來做出過預測。著名物理學家霍金就曾預言，2032 年地球將進入冰河時代，2600 年地球能源消耗增加，地球或許將變成「火球」，而人類僅剩 200 至 500 年時間去外太空尋找新家。霍金的預言聽上去有些危言聳聽，但我們不得不對人類如今的生活方式有所反思。

　　聯合國曾在 2018 年向人類發出警告，如果全球溫度再升高 1.5℃，地球就將會在 2040 年面臨危機，屆時對人類也會產生毀滅性的影響。其實，隨着全球變暖，這種影響已初見端倪。首先，全球各地都出現了極端高溫，帶來了不同程度的火災和旱災，北極圈的溫度甚至突破了 32℃，給當地的動物帶來了不可逆轉的傷害；其次，出現了愈來愈多的極端天氣。世界多個地區都曾爆發百年一遇的特大颱風，還有暴雪、霧霾、極寒、極熱等惡劣天氣。這些極端天氣頻繁出現並不是沒有理由的，多年來，人類對森林過度砍伐，對礦產資源過度開發和利用，直接導致了生態系統被破壞。此外，以塑膠為首的生活垃圾對地球造成的污染，以及汽車、工業生產等直接排放到大氣中的有害氣體，對地球環境也造成了無法挽回的影響。

　　人類影響的不只是人類本身，地球正在經歷着「第六次物種大滅絕」，物種滅絕速度比自然滅絕速度快了將近 1000 倍，也就是說，平均每小時就會有一個物種從地球上消失。

　　如果將地球的生命換算成 24 小時，人類已存在的時間連 1 秒都不到，然而就是在這 1 秒都不到的時間裏，我們已將地球破壞得千瘡百孔。我們常說保護地球，其實是在保護我們自己，如果我們不對現今的生活方式加以反思，人類是否會在短時間內走向滅絕，真的不得而知。

□ 責任編輯：華　田
□ 裝幀設計：龐雅美　鄧佩儀
□ 排　版：楊舜君
□ 印　務：劉漢舉

# 植物大戰殭屍 2 之未解之謎漫畫 06
## —— 人類未解之謎

□
**編繪**
笑江南

□
**出版**
**中華教育**
香港北角英皇道 499 號北角工業大廈一樓 B
電話：(852) 2137 2338　傳真：(852) 2713 8202
電子郵件：info@chunghwabook.com.hk
網址：http://www.chunghwabook.com.hk

□
**發行**
**香港聯合書刊物流有限公司**
香港新界荃灣德士古道 220-248 號
荃灣工業中心 16 樓
電話：(852) 2150 2100　傳真：(852) 2407 3062
電子郵件：info@suplogistics.com.hk

□
**印刷**
**美雅印刷製本有限公司**
香港觀塘榮業街 6 號 海濱工業大廈 4 樓 A 室

□
**版次**
2023 年 3 月第 1 版第 1 次印刷
© 2023 中華教育

□
**規格**
16 開（230 mm×170 mm）

□
ISBN：978-988-8809-38-7

植物大戰殭屍 2．未解之謎漫畫系列
文字及圖畫版權 © 笑江南
由中國少年兒童新聞出版總社在中國首次出版　所有權利保留
香港及澳門地區繁體版由中國少年兒童新聞出版總社授權中華書局出版